第 1 單元

風靡全球的創客運動

李國維　老師

李國維，現任教於國立高雄第一科技大學創新創業教育中心，創新創業推廣組組長，相關業界經驗累積近 11 年，主要研究領域包括商學與企業管理、創新創業、創業型大學、自造者（Maker）教育、專案管理、科技管理、薄膜技術、產業分析與策略管理、服務科技應用等，在校服務期間，曾多次參與及執行相關創新創業之計畫案撰寫，而轉任任教期間，也多次輔導學生參加創新創業競賽，並屢獲佳績，所出版過的相關著作有《科技管理 – 基礎》、《策略與實務》（2013 年 3 月初版）及《大學衍生企業》（2015 年 8 月初版），主要領域較偏向創新創業實務及輔導。

司長序

　　技職教育係以實務教學與實作能力之培養為核心價值，相較於普通教育，「務實致用」是技職教育的最大特色。技職人才之培育，不僅是各領域實作技術之傳承與精進，更肩負起帶動產業朝向創新發展的重責大任，因此，奠定專業實作能力與創新能力，是彰顯技職教育價值的關鍵。

　　為因應世界潮流趨勢，並發展學校特色，國立高雄第一科技大學於2010年提出非常具有前瞻性的校務發展目標：轉型為「創業型大學」，可謂是國內推動創新創業教育的技職先鋒，也獲教育部指定為「創新自造教育南部大學基地」，成果卓越，備受肯定。在傳統重視升學的教育體制下，學生的創意及實作能力漸被忽略，導致創新能力普遍不足，感謝國立高雄第一科技大學當火車頭，引領創新創業風潮，重視學生創意思維、獨立思考及跨域學習，鼓勵學生動手做、試錯、實踐創意，充分發揮創客(Maker)精神，正好符應教育部「從做中學」及「務實致用」之技職教育定位，以及推動大專校院知識產業化的政策方向。

　　隨著創意、創新、創業及創客之四創教育風潮興起，相關教材使用需求大增，國立高雄第一科技大學是推動四創教育的技職標竿學校，除了提供學生完善的學習機制與環境，近年來更陸續出版多本實用的相關教材，並秉持分享交流精神，對各大專校院推動創新創業教育貢獻良多。今該校教師合力編著《創意實作》，將動手實作的精神融入課程及日常生活中，且透過一本書就能學會9種技能，並了解國內外創客趨勢與介紹，實是跨領域教學及學習的最佳入門書籍，值得各界大力推廣，希望以達成人人都是Maker為目標，帶動國內產業創新與經濟的蓬勃發展。

蔡英文總統曾表示「技職教育應該是主流教育，推崇職人是一項值得發揚的傳統，而技職教育的實力，就是台灣的競爭力」。期許未來技職教育所培育之學生，能同時具備實作力、創新力及就業力，成為產業發展的重要支柱，及國家未來經濟發展、技術傳承與產業創新之重要推力。

教育部技職司

司長 楊玉惠 謹識

2018 年 1 月

校長序

「創客」（Maker）一詞，近幾年在全球迅速崛起，創客教育更是目前最夯的教育議題，國際競爭力不再僅是技術間的相互競技，而是取決於能產出多少創新能量。想要培養創新能力，第一步就要從校園扎根做起，透過翻轉教學，培育學生主動思考、發掘問題的能力；更重要的是，鼓勵動手實作，並從失敗中汲取成功元素，充分發揮 Maker 精神。

本校自 2010 年轉型為全國第一所創業型大學，致力於培養學生的創新力、實作力、跨域力及就業力，不僅於 2015 年興建完成「創夢工場」、2016 年興建完成「創客基地」，獲教育部指定為「創新自造教育南部大學基地」，成為南台灣創業教育智庫，並於 2016 年得到國際 FabLab (Fabrication Laboratory) 全球 Maker 組織認證，全國僅本校與臺北科技大學兩所大學獲得該認證。同時，也與 180 餘所各級學校及教育局處和民間創客基地代表，於 2016 年簽署「創客教育策略聯盟」，希望能帶動南部自造運動的發展，培養新世代的自造者人才。

為提供完整的創意、創新、創業與創客四創教育，本校除開設「創意與創新學分學程」及「創新與創業學分學程」，並於 104 學年度率全國之先，首將「創意與創新」列為全校共同必修課程。「工欲善其事，必先利其器」，為因應四創教育之教學需求，本校自 2011 年起陸續出版相關教材，包括《創新與創業》、《創業管理》、《創新創業首部曲》、《服務創新》、《方法對了，人人都可以是設計師》等，希望透過這些教材輔助教學，產生事半功倍的效果，讓師生透過案例教學，激發創意與創新思維，並奠定創業的基礎知能。

「跨領域，才搶手」，業界對跨領域人才求才若渴，為了精進跨領域課

程，本校邀集全校 9 位不同專業背景的老師，以「創夢工場」及「創客基地」的實作設備為主，共同合作編撰《創意實作》。目前市面上的書籍大多集中在單一專業，本書則著重在跨領域教學及學習，希望藉由淺顯易懂的方式，講解設備操作步驟，讓讀者能輕鬆學會該單元設備的基本操作及實際練習。本書從創意、創新，延伸到創意實作，是創客教育及跨領域教育必備的一本好書。

　　Maker 是一種精神，一種文化，一種生活態度，更是一種實踐能力。期許本書能成為學習動手實作的最佳幫手，為台灣創客教育貢獻一份心力，也祝福所有勇於追夢、築夢的青年朋友們，能透過本書實踐自己的夢想，創造一個無限可能的未來！

校長 陳振遠 謹識
2018 年 1 月

課程引言

在現今的社會，網路的全球化趨勢，使得國際競爭力不再是技術之間的相互競技，而是在於你能創造出多少的創新能量。當我們思考該如何在這樣的創新世代趨勢中去培養創新能力時，最大的影響力，就是從校園開始向下扎根。透過學校的教育翻轉，讓學生學會思考、學會分享、學會自己發掘問題，更重要的是，學會自己動手實作的態度。

國立高雄第一科技大學率先在 2010 年宣示轉型為「創業型大學」，致力於培育學生「具備創新的特質，以及創業家的精神」，透過課程來落實培育學生具備「創意思維、跨域合作、數位製造、創業實踐」，並於 2016 年 8 月出版了《方法對了，人人都可以是設計師》一書，透過課程的設計來培養學生達到創意思維及跨領域的合作。有鑑於學生在數位製造及創業實踐方面，較缺少動手實作的經驗，本校陳振遠校長集結了 9 位來自不同專業背景的學者專家，透過跨科系、跨專業的方式，共同編撰出以創夢工場的場域設備為主，教你如何動手實作的《創意實作》，書中有 9 個操作單元，包括風靡全球的創客運動、材質色彩資料庫、木工機具操作輕鬆學、基礎金屬工藝、3D 列印繪圖與操作、CNC 控制金屬減法加工、LEGO 運用於多旋翼、遊戲 APP 開發入門，以及在地文化資源的調查方法與應用。9 個單元皆透過由淺入深的介紹，讓讀者可以更輕鬆入門。單元從風靡全球的創客運動開始作介紹，接著進入手工具的手工製作，其中包含了木工機具的操作及金屬工藝的認識，以便了解手作精神的重要性。在學習手作單元之後，才可以進入自動化設備的學習。

了解手工設備的製作後，再開始進行機械自動化的 3D 列印加法加工及

CNC減法加工的軟體及設備操作。透過前面所包含的手工工藝製作及3D加工製作，之後就可以開始強調如何透過控制化程式來驅動動力進行加工。前7組單元從造型、結構、機構、邏輯、組裝等動手實作練習之後，第8單元也透過現今APP市場爆炸性的發展，從中學習如何開發出易上手的APP遊戲。

　　課程透過風靡全球的創客運動、手工具的操作、自動化機械設備加工、程式控制帶動馬達、APP遊戲過程操作，以及在地文化資源的調查方法與應用等9個單元，來達到玩中學、學中做的教育翻轉，俾能符應我國技職轉型高教創新的精神，亦能切合本校創業型大學願景培育學生具備創新的特質及熱忱、投入與分享的創業家精神。

　　本書希望能培養更多想成為自造者的年輕學子，透過《創意實作》中所介紹的9個由淺入深的實作課程操作練習，讓你我都可以成為這個產業趨勢中的全能自造者，並且訓練自己能擁有更多的技能專長！

單元架構

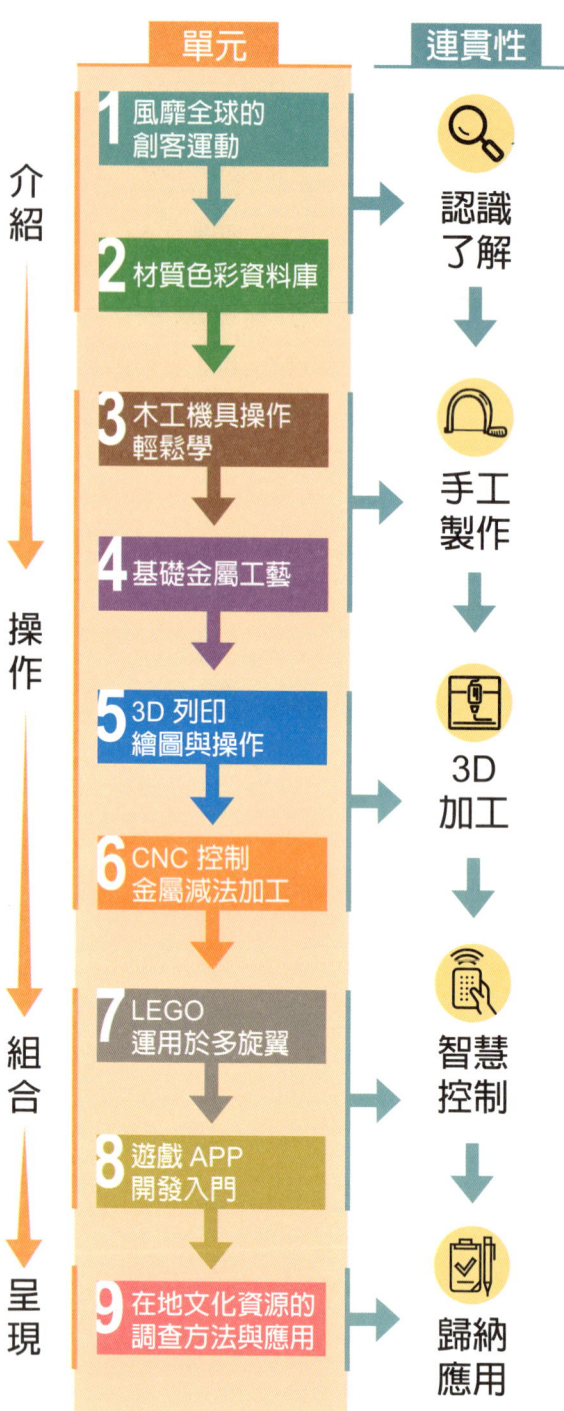

(圖，單元架構)

緒論

創客 (Maker) 運動，或稱為自造者運動，2013 年盛行於美國的科技產業。Maker 主要是強調藉由雙手或是自動機具的實際操作，來自己完成一件作品，而創客活動的盛行，也是因 3D 列印操作的大眾化。此外，透過群眾集資平台進行募資 (第三次工業革命) 所發揮創意的這些過程，也都可稱之為創客。在創客的過程中，所創造的物品並沒有限制，包括科技產業、文創商品、首飾配件等等。基本上，創客們的創造興趣完全是自主性的，而這樣的精神，就是風靡全球的創客運動。透過本單元對於創客運動、創客空間及創客設備的介紹，來讓讀者對於創客運動有相當性的了解之後，再進行後續的 8 組由淺入深、由手工製作到設備操作的實作單元練習，相信會更加地了解自己動手實作的重要性。現在，讓我們攜手共進，開始進行一連串的創客活動，來完成自己的作品與夢想，朝著成為快樂的創客前進吧！

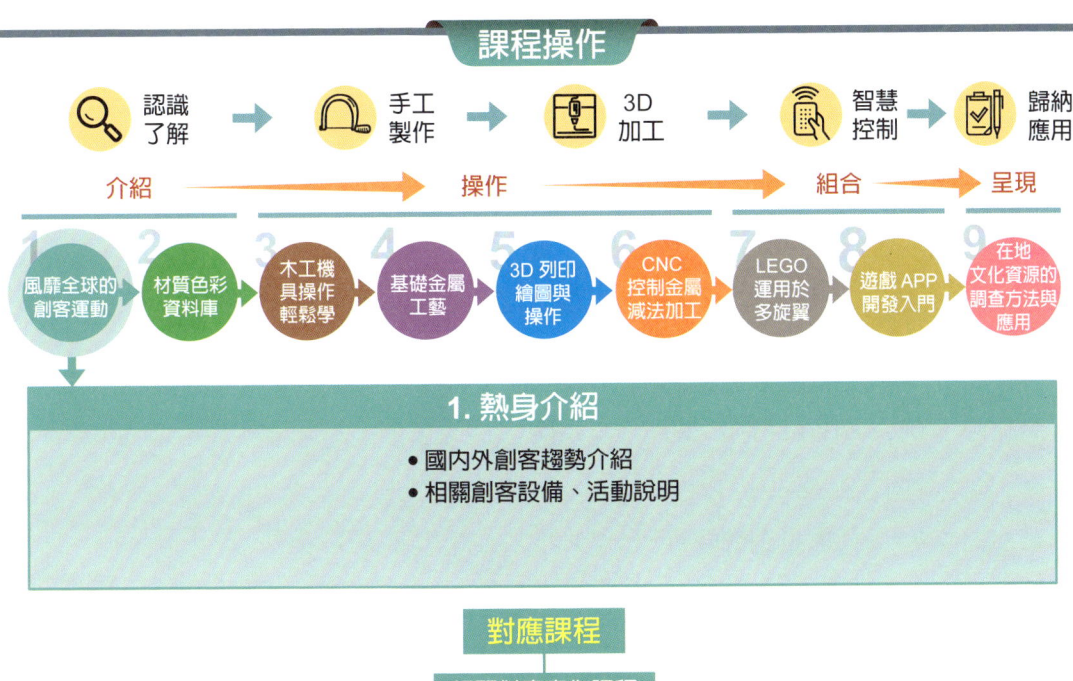

目錄

司長序
校長序
課程引言
單元架構
緒論
前言 —— 1-2
1.1 創客運動 —— 1-2
    一、什麼是創客 —— 1-2
    二、創客的四個階段 —— 1-3
        (一) 從零到 Maker（Zero to maker） —— 1-3
        (二) 成為 Maker 並與其他 Maker 連結
            （Maker to Maker） —— 1-3
        (三) Maker 進入市場（Maker to market） —— 1-4
        (四) 創客推動者（Maker-enabler） —— 1-4
    三、創客運動的源起 —— 1-4
    四、國際創客運動 —— 1-8
    五、台灣創客運動 —— 1-13
    六、創客社群與空間 —— 1-17
1.2 創客教育 —— 1-23
    一、什麼是創客教育 —— 1-23

二、成為創客,怎麼學 —— 1-24
三、創客教育,怎麼教 —— 1-28
四、創客課程案例分享 —— 1-31

前言

基於數位製造（Digital Manufacturing）與開源（Open Source）概念軟硬體的帶動，「創客運動」（Maker Movement）近年來蓬勃發展，而創客教育有別於傳統的填鴨式教學，主要是藉由真實問題的「做中學」，來培育學生 STEAM〔科學（Science）、技術（Technology）、工程（Engineering）、藝術（Art）及數學（Mathematics）〕的跨領域能力，同時也提升了學生自主學習與解決問題能力。其實，成為 Maker 是件簡單的事，本書鼓勵所有讀者都能成為快樂的創客，在實作中獲得樂趣，不用怕失敗，動手做就對了。

1.1　創客運動

一、什麼是創客

《長尾理論》作者 Chris Anderson 在 2012 年《Makers: The New Industrial Revolution》一書中，指出創客將啟動創新的第三次工業革命。「創客」一詞儼然已成為全民運動，然而什麼是「創客」？

全球 Maker Faire 的發起組織《Make》雜誌創辦人 Dale Dougherty：「We are Makers」，自己做機器人的是 Maker；撿廢棄物創作鋼鐵烏龜的老人是 Maker；每天下廚做新菜色的媽媽是 Maker；幫小孩做玩具的爸爸也是 Maker；就連動手做燈籠的小孩也是 Maker，要成為 Maker 是件簡單的事，我們生活的周遭到處都是 Maker，要成為 Maker，唯一的關鍵就是：「動手做就對了」。

創客，英文叫 MAKER，也翻譯成「自造者」，簡單的說，創客是有熱情、願意動手做，實現創意，並樂於在社群共同學習、交流、解決問題與分享的人。

創客動手做和 DIY 有什麼不同？

DIY（Do It Yourself），即為自己動手做，是 1960 年代起源的概念，一

開始 DIY 是為了要節省成本，自己買材料和工具來維修或製造，例如：自己整修房屋、維修電器、組裝電腦等，逐漸地，DIY 的概念擴大到所有可以自己動手做的事物，都能稱為 DIY。同樣都是自己動手做，創客實作和 DIY 有什麼不同呢？

　　創客實作和 DIY 最大的共通點是動手做，其最大的差異在於創客是使用數位機具，如：3D 列印機、雷射雕刻／切割機、CNC 綜合加工機⋯⋯等。創客採用共通的檔案格式或程式碼，就可以將檔案寄到製造商生產，也能自己在家製造，做出原型和全新產品，可說是「DIY 數位化」。此外，由於網際網路的發展，現今的創客常利用線上社群分享成果，或與其他創客交流合作（Do It Together），這也是創客運動發展與過往 DIY 較不同的地方。

二、創客的四個階段

　　隨著工具和技術日漸實惠及易於使用，自造生態系統也更為廣泛，創客開始學習銲接、Arduino 和易於寫程式的開發平台等基本技能。根據長期投入創客運動的 Make 雜誌創辦人 Dougherty 之觀察，創客可分成四個階段，分別是：

(一) 從零到 Maker（Zero to Maker）

　　每一個 Maker 的起點不同，但其共通點是「發明的靈感」，這觸發了個人從單純的消費產品轉變成動手實踐，讓想法成形。而從零到成為 Maker 最重要的兩個層面，是學習必要技能的能力，以及可資運用需要的製造工具。

(二) 成為 Maker 並與其他 Maker 連結（Maker to Maker）

　　這階段的差別，就在於創客們開始合作，並從其他創客獲得專業知識，而創客們也會對現有的平台或社群有所貢獻，不論是因為技術革命，還是自我表

現與創造的內在渴望，強大的潛意識正發揮作用，這種想要改善和與他人分享的渴望，催化了創客走向 Maker to maker 階段。

(三) Maker 進入市場 (Maker to market)

從創客空間和線上社群開始，湧現一個發明和創新的新浪潮。比起最初的創客，知識的流動和聚集，讓一些發明和創作吸引更廣泛的觀眾，有些甚至具有市場魅力，即使只有少數的創客會透過群眾募資或商業模式進入市場或開始創業，但其影響可能是巨大的。

(四) 創客推動者 (Maker-enabler)

第四階段：創客推動者 (maker-enabler)，也可稱創客支持者 (Maker advocate)，是近期才發展出來的，對上述三個階段的創客而言，都有人在培養和支持他們。

在 Zero to maker 階段，兒童博物館和公共圖書館推動了更多的 DIY 活動和工具，讓顧客接觸創客文化；另社群會員和自造空間人員正支持 Maker to maker 階段的發展；此外，創客在 Maker to market 階段，進入市場或將創作商業化時，也都有一大群幫助他們成功的支持者。雖然不是創客本身，但這些創客推動者／支持者構成了創客文化的一大階段。

三、創客運動的源起

創客運動並非一夕而成，而是從 1960 年代的 DIY 概念逐漸發展至今，創客運動的發源地在美國舊金山灣區，1998 年麻省理工學院的 Neil Gershenfeld 教授開設了一門「How To Make (almost) Anything 如何製作 (幾乎) 任何東西」的課程，讓學生學習數位製造的各種工具和原理，並製造任何想要的創意產

品,該課程大受學生歡迎與肯定,促進日後麻省理工學院 Fab Lab 自造實驗室的發展。

　　2001 年麻省理工學院 Media Lab 的位元和原子研究中心(Center for Bits and Atoms)(如圖 1-1)與 Grassroots Invention Group 合作,在獲得國家科學基金會(National Science Foundation)的資助下,創立了第一個自造實驗室(Fabrication Laboratory, Fab Lab),該實驗室由現成的工業級製造和電子工具組成,同時也有 MIT 編寫的開源軟體(open source software)和程式。

　　起初 Fab Lab 是為了激勵當地創業,才提供創新與發明原型製作的平台,現今它已成為一個學習和創新的平台:一個可以發揮、創造、學習、指導和發明的地方,使用者透過設計和創造個人想要的物品來學習,在自己的創作經驗下,他們互相學習與指導,進而深入了解創新與發明所需的機器、材料、設計過程以及工程。成為 Fab Lab 一員,就意味著可以連接到跨越 30 個國家和 24 個時區的知識共享網絡。

圖 1-1,Center for Bits and Atoms
(圖片來源:Amber Case, CC License)

創意實作 ▶ 風靡全球的創客運動

　　Fab Lab 的理念迅速在全世界擴散，目前全球已有 1,206 個據點，且持續增加中，無論是成人或是中小學生，即使沒有技術背景，也能利用 Fab Lab 的軟硬體和社群，越來越多人將自己的創新想法變成獨特的個人作品，逐漸引發了創客運動的浪潮。

　　2005 年 2 月 Dale Dougherty 創辦了《Make》雜誌（如圖 1-2）（https://makezine.com/），其目的在於讓社會大眾了解創客做了什麼，也激發更多的人去創造，同時讓創客們產生了連結，2006 年 Dougherty 在美國舊金山灣區創辦了第一屆 Maker Faire，將全球的創客聚集起來，展示和討論自己如何做出作品，也帶動參觀者經由創造與實作而成為創客，至今灣區和紐約的兩個旗艦 Maker Faire 每年都有超過 20 萬人參加（如圖 1-3），紐約的 Maker Faire 同時被喻為「World Maker Faire」，美國白宮也在 2014 年 6 月舉行第一屆 Maker Faire，總統歐巴馬並將 6 月 18 日訂為全國自造日（National Day of Making）。

圖 1-2，《Make》雜誌
（圖片來源：《Make》雜誌網站，https://makezine.com/）

圖1-3，2017 年美國舊金山灣區 Maker Faire
（圖片來源：Fabrice Florin, CC License）

2016 年有超過 190 場獨立製作的 Mini Maker Faire，加上 30 多個大規模的 Maker Faire（如圖 1-4）在全球各地舉辦，Maker Faire 已是全球創客的交流盛會，也是帶動創客運動發展的重要動能，而 Dougherty 無疑是帶領創客運動浪潮的關鍵推手。

圖1-4，2016 年法國巴黎 Maker Faire
（圖片來源：Quentin Chevrier / Makery Media for labs, CC License）

四、國際創客運動

從 1960 年代的 DIY 開始，2001 年 MIT 設立 Fab Lab、2005 年《Make》雜誌的創刊發行，至 2006 年第一屆 Maker Faire 的舉辦，國際創客運動蓬勃發展，已是全球創新與創業不可或缺的動能，其發展歷程如圖 1-3 所示。

全球創客運動蔚為風潮，主要有三個發展的關鍵：

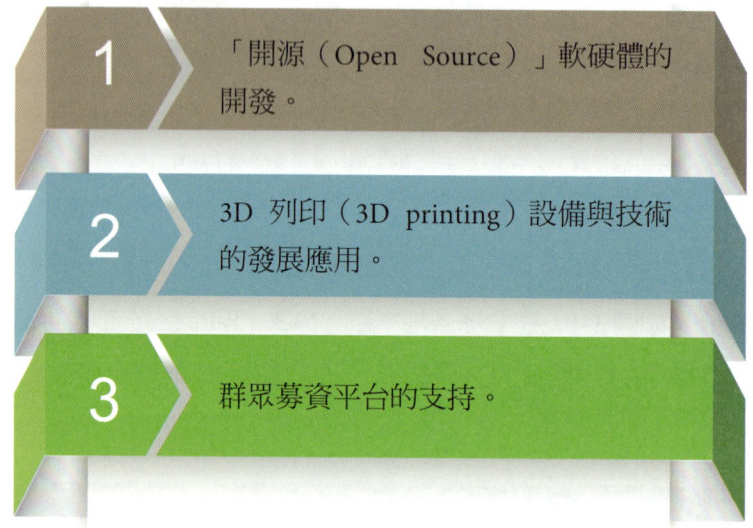

1. 「開源（Open Source）」軟硬體的開發。
2. 3D 列印（3D printing）設備與技術的發展應用。
3. 群眾募資平台的支持。

「開源」（Open Source）概念帶動創客運動開展。

從 1984 年 Richard Stallman 發表 GNU 宣言，表達自由軟體的核心精神，1991 年自由軟體 Linux 作業系統發佈，到 1998 年 Netscape 公司釋出 Navigator 瀏覽器原始碼，同年 2 月由當時自由軟體的代表人物及著名駭客召開「開源高峰會議」（Open Source Summit），提出「open source」一詞，自由軟體遂發展到「開源」的概念。

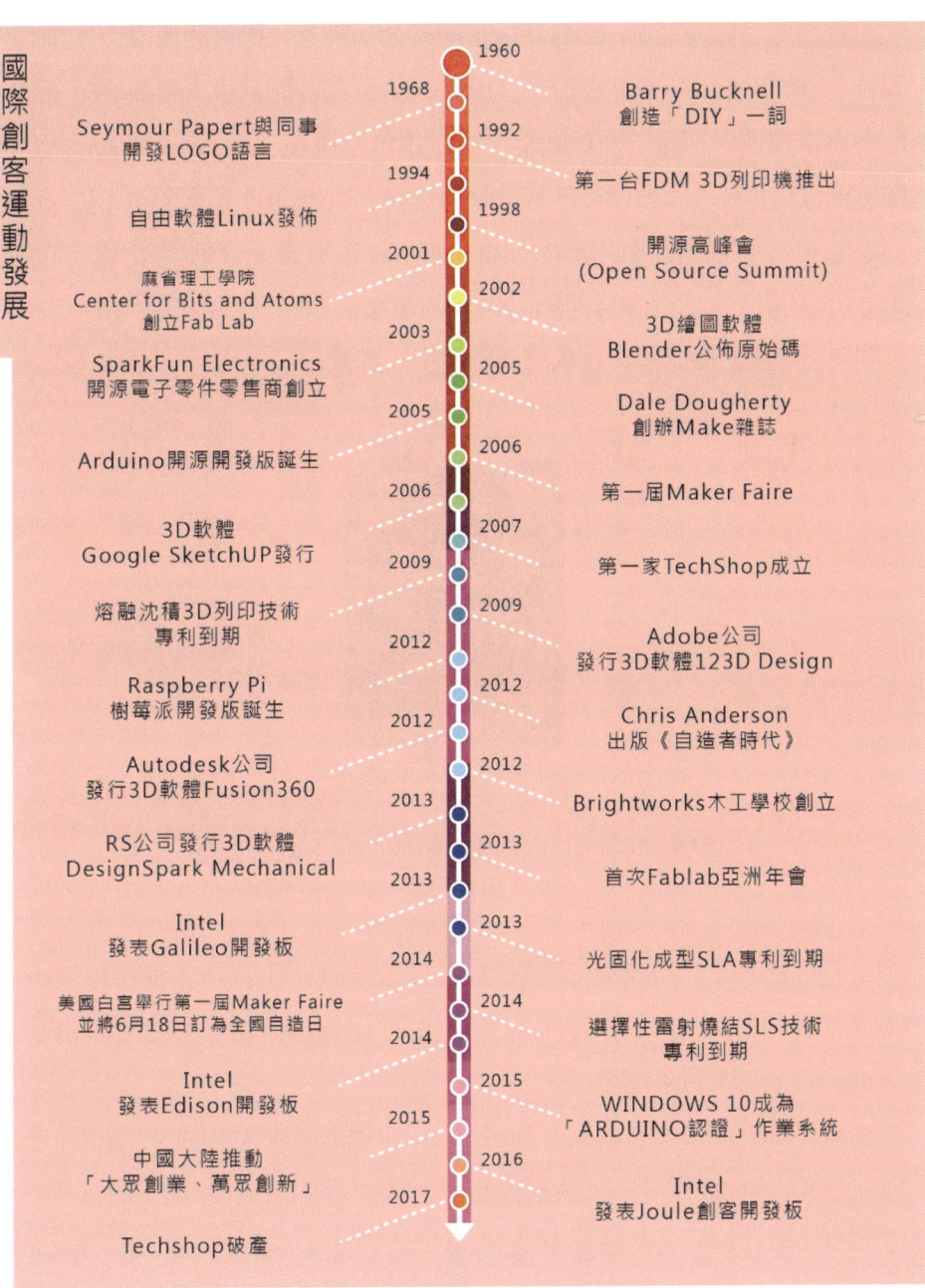

圖1-5，國際創客運動發展重要歷程（圖片來源：自行繪製）

2003年電子零售商SparkFun Electronics公司創立,提供開源零件給創客自行開發,2005年由Massimo Banzi設計的Arduino開源開發版(如圖1-6)誕生,讓創客得以快速學習電子及感測器,實作出創意原型,Arduino開發版讓創客的創意更容易實現,大力推升創客運動的發展。而後2012年樹莓派(Raspberry Pi)誕生,帶動開源硬體的風潮,2013年Intel也發表了供創客使用的開發版Galileo(伽利略),並在2014年與2016年陸續發表Edison(愛迪生)和Joule(焦耳)開發板,開源硬體無疑是創客運動發展的關鍵。

圖1-6,Arduino LLC與Intel合作的Arduino 101開發版
(圖片來源:SparkFun Electronics,CC License)

除了開源硬體,開源或免費軟體也是創客運動發展的重要關鍵。2002年3D繪圖軟體「Blender」對外公佈原始碼,成為自由軟體,創客可免費使用創作,迄今Blender仍深受創客喜愛。

2006年Google發布「Google SketchUp」,提供免費版本給創客使用,並建立Google 3D Warehouse平台,讓創客們可上傳與交流SketchUp建立的3D模型。此後,2009年Adobe公司發表3D建模軟體「123D Design」、2012年Autodesk公司結合雲端運算發表「Fusion 360」軟體及2013年RS公司發行3D CAD建模

軟體「DesignSpark Mechanical」，皆可免費供創客下載使用，這些免費 3D 建模軟體功能強大且容易上手，創客們可以快速將創意繪製出 3D 檔案（STL 格式），並利用 3D 列印機速列印出成品，大幅縮短創意產品設計開發的原型製作時間，推動了創客運動的興起與發展。

3D 列印設備與技術的發展應用加速創客運動發展。

目前應用最廣的 3D 列印技術是熔融沈積成型 FDM（Fused Deposition Modeling），1992 年美國 Stratasys 公司推出世界上第一台 FDM 的 3D 列印機，2009 年熔融沉積成型專利到期，基於 Open Source 概念的 3D 列印機（如圖 1-7）陸續被開發出來，FDM 的 3D 列印機的價格從過去數千美元降至不到 1,000 美元，3D 列印設備與應用迅速普及化。爾後，光固化成型（Stereolithography Appearance, SLA）與選擇性雷射燒結（Selective Laser Sintering, SLS）的 3D 列印關鍵技術專利也陸續分別在 2013 年及 2014 年到期，不僅帶動 3D 列印產業的快速成長，也讓創客更容易實現個人化設計生產的創作夢想，使得創客運動逐漸普及。

圖1-7，基於 Open Source 概念的 3D 列印機
（圖片來源：OpenTech Summit，CC License）

創意實作 ▶ 風靡全球的創客運動

群眾募資平台支持創客邁向商業，為創客運動發展關鍵推手。

伴隨網路社群與群眾募資（Crowdfunding）平台的興起，創客可以透過平台直接從群眾取得資金，讓創意產品可以加速量產與進入市場，推動創客邁入市場。

2008 年成立的 Indiegogo 和 2009 年成立的 Kickstarter，都是國際最著名的群眾募資平台，許多創客藉由募資平台獲得資金。Kickstarter 成立 8 年，迄今所有的專案已成功募得超過 30 億美元，而其中廣為人知的成功案例當屬智能手錶「Pebble: E-Paper Watch for iPhone and Android」（如圖 1-8），其在 2012 年成功募資 1,026 萬美元，讓產品順利量產出貨，爾後，Pebble 智能手錶第二代 Pebble Time 更募得 2,033 萬美元，創下募資平台多項紀錄。

而在 Indiegogo 平台，目前募資最高的成功案例為流動蜂房「Flow Hive: Honey on Tap Directly From Your Beehive」（如圖 1-9），在 2015 年成功募得近 1,329 萬美元，募資平台再次實現了創客的創意，讓產品有了進入市場所需的資金支持。

圖 1-8，Pebble: E-Paper Watch for iPhone and Android（左）
Pebble Time - Awesome Smartwatch, No Compromises（右）
（圖片來源：Kickstarter 募資平台）

圖 1-9，Flow Hive: Honey on Tap Directly From Your Beehive
（圖片來源：Indiegogo 募資平台）

五、台灣創客運動

　　台灣創客運動發展如圖 1-10 所示。2015 年 4 月台灣行政院推出 vMaker 行動計畫，鼓勵更多青年學生成為 Maker，vMaker 行動計畫分為三個階段：

第一階段：「尋找 vMaker」－「Fab Truck 高中職校園巡迴計畫」。

　　全台設置六台行動貨櫃 Fab Truck，載著 3D 列印機、CNC 銑床、雷射切割機、電腦割字機等設備，總共至 497 校巡迴，讓師生體驗動手做樂趣，推廣創客運動。

第二階段：「Top Maker － Make for All」－「創客擂臺發明競賽」。

　　以競賽創造 Maker 舞台，提供首獎百萬獎金，鼓勵創新和分享，晉級決賽的團隊作品，並將於美國麻省理工學院舉辦的「Fab11」Fab Lab 世界年會發表，展現台灣創客的創意實作能量。

第三階段：舉行 FabLab 亞洲年會，提升台灣創客能見度。

　　2015 年 5 月 FabLab 亞洲年會首度在台灣舉辦，讓國內外創客可以展出作品並交流，提升台灣創客國際能見度。

創意實作 ▶ 風靡全球的創客運動

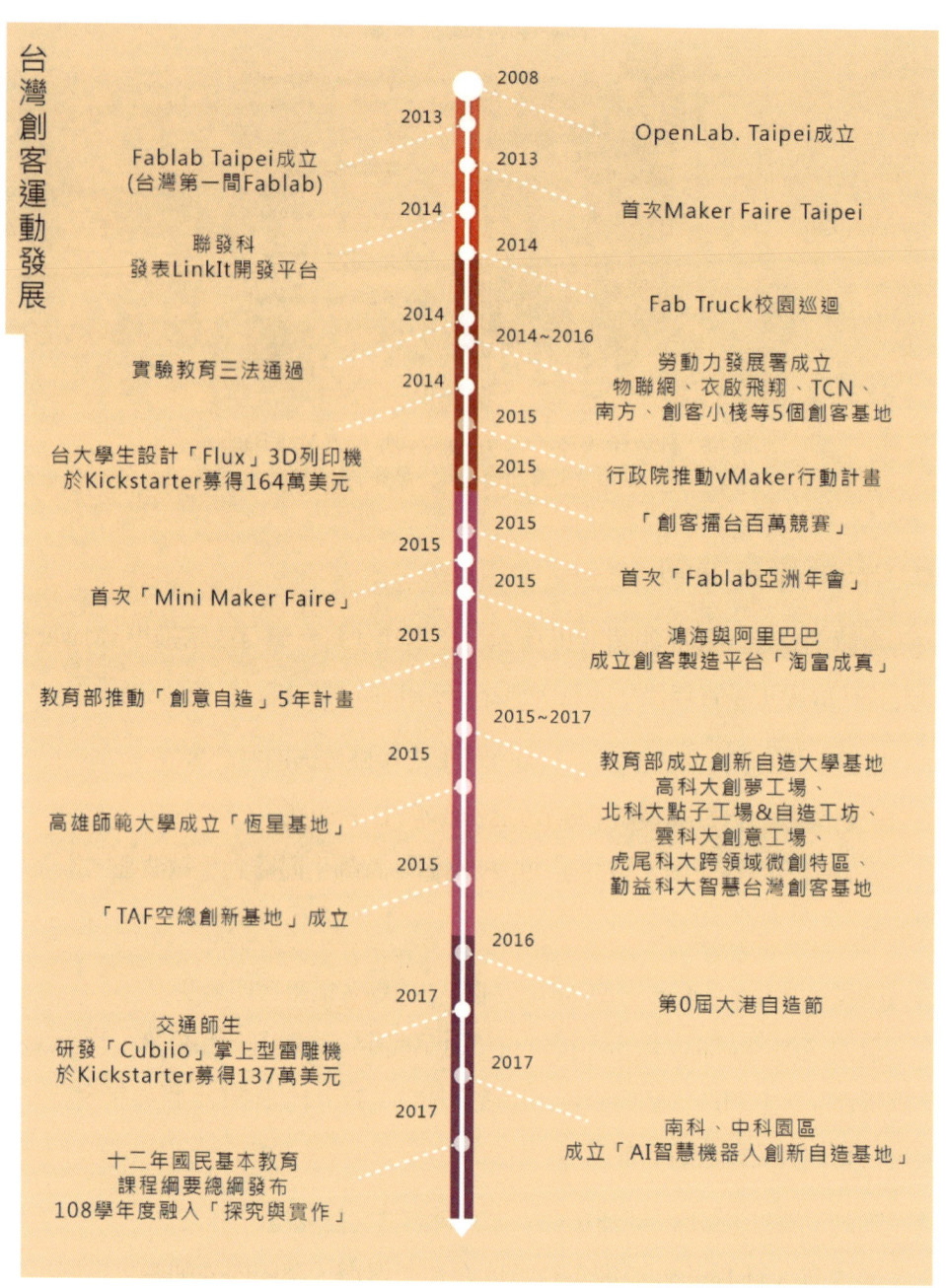

圖1-10，台灣創客運動發展重要歷程（圖片來源：自行繪製）

為推廣創客運動,政府單位投入不遺於力。教育部研擬「Just make it—翻轉創新・創客成型」行動方案(如圖 1-11),也推動「創意自造」5 年計畫,廣設創客實驗室;勞動部勞動力發展署打造全台灣第一台「Maker car 行動自造車」,並在所轄分署設立 5 處創客基地;科技部也於中科、南科園區打造智慧機器人創新自造基地。

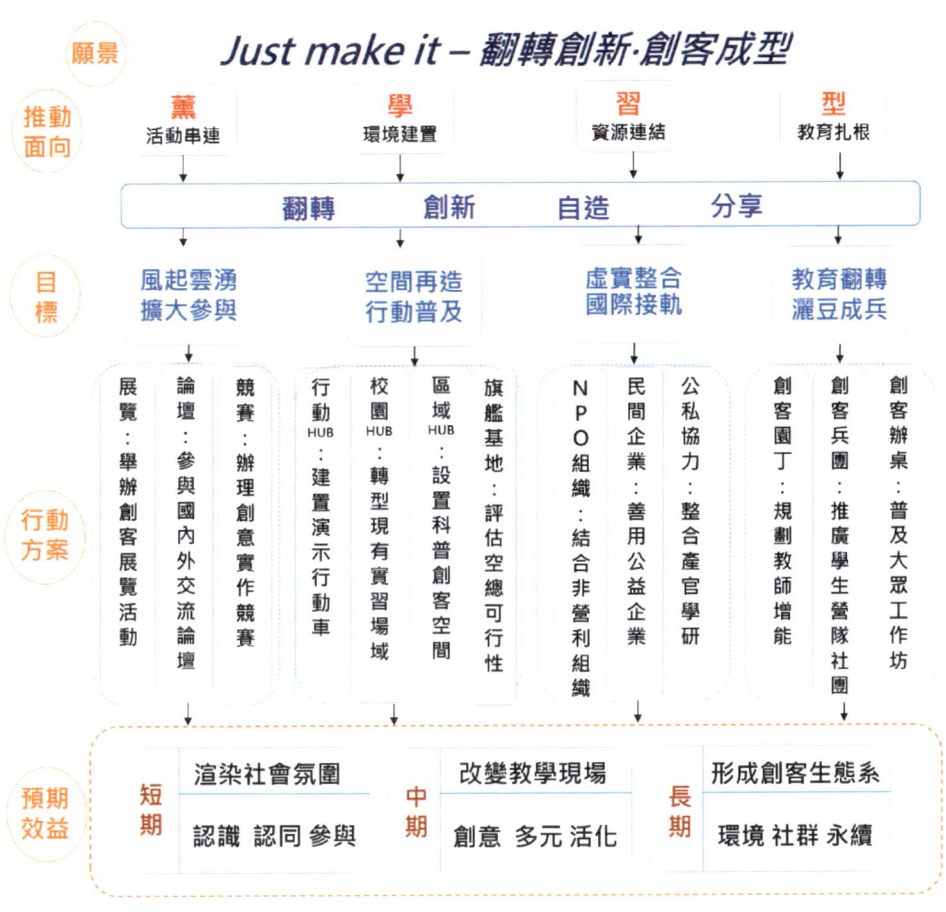

圖 1-11,教育部「Just make it- 翻轉創新 ・ 創客成型」整體推動架構
(圖片資料來源:國立台灣科學教育館編撰之計畫書)

台灣創客運動發展同樣與開源概念、3D 列印及募資平台有著強烈的連結。基於 Open Source 概念，位居全球十大 IC 設計公司的聯發科技股份有限公司，在 2014 年發表了 LinkIt 開發平台，並於 2015 年展示開源 LinkIt One 開發板套件，支援全球創客進行物聯網與穿戴式裝置的應用開發。

國內的 3D 列印設備與技術的發展應用，工研院居於領導地位。2015 年其發表第一台國人自製雷射金屬 3D 列印機，並在 2017 年成功開發國產第一台大尺寸、大面積的 50×50×50 立方公分金屬 3D 列印機（如圖 1-12），可扶植國內廠商搶進全球航太及汽車等高值零組件產業，此外，工研院 2017 年 12 月在南科高雄園區建置全國首座一站式「3D 列印醫材智慧製造示範場域」，將協助廠商搶攻 3D 列印醫材之國際市場。

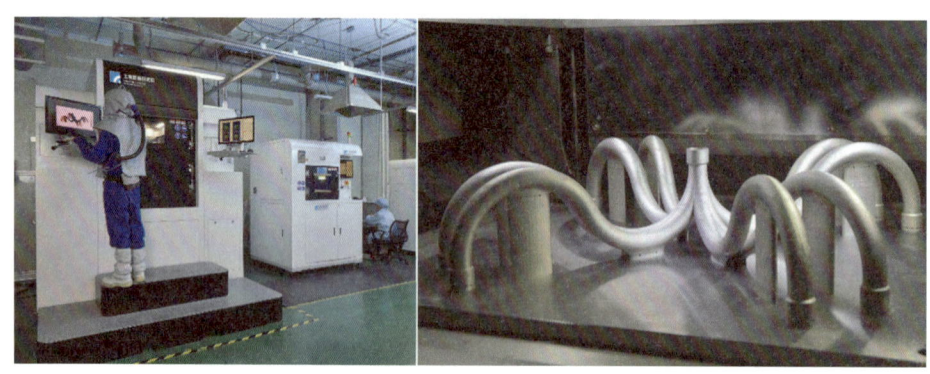

圖 1-12，工研院開發大尺寸金屬 3D 列印設備（左）及
應用大尺寸金屬 3D 列印設備製作之火箭推進器反應流道（右）
（圖片與資料來源：工研院新聞資料庫）

國內的創客團隊在募資平台也有亮眼的成績。由五位台大學生組成的 FLUX 團隊，2014 年 12 月以 3D 列印機產品「FLUX Delta – The Everything Printer for Designers」（如圖 1-13），在 Kickstarter 募資平台上募得 164 萬美元（當時約新台幣 5,172 萬元），迄今仍為台灣團隊在 Kicksarter 募資成功的最高紀錄。另 2017 年 9 月交大師生團隊開發掌上型雷射雕刻機「Cubiio: The Most Compact

Laser Engraver」，也在 Kickstarter 募資平台上募得 137 萬美元（約新台幣 4,163 萬元），展現出台灣創客團隊創新創業能量，也為台灣發展創客經濟帶來無限可能。

圖1-13，台灣創客團隊在 Kickstarter 募資成功案例：
3D 列印機「FLUX」（左）及掌上型雷雕機「Cubiio」（右）
（圖片來源：Kickstarter 募資平台）

六、創客社群與空間

目前創客社群以國際非營利組織「Fab Lab」（Fabrication laboratory，https://www.fablabs.io/）較為完善，乃是以開源（Open Source）為基礎，提供數位製造設備的開放實驗室，也是鼓勵實作、人人共享的社群資源。目前全球 Fab Lab 已有 1,206 個據點，在台灣也有 13 個據點，包括：Fablab Taipei（台灣第一個 Fab Lab）、First Tech Innovation Lab（如圖 1-14）、Fablab NTUT、Fablab Dynamic、Fab Lab FBI、FabLab MDHS、Fablab STMC、Fablab TAF、Fablab Taoyuan、MakerBar、Fablab Tainan、Maker Lab 及 FabCafe Taipei。

圖1-14，國立高雄科技大學創夢工場
（First Tech Innovation Lab）通過成為 Fab Lab
（圖片來源：自行拍攝）

此外，民間尚有許多創客社群及創客空間（Maker Space），包括有：「Openlab Taipei」（2008年成立，堪稱台灣第一個創客空間）、「Taipei Hackerspace」、「享實做樂」、「Future Ward」、「創客萊吧」（MakerLab）、「大港自造特區」（Mzone）、「創客閣樓」（Maker's Attic）、「高雄造物者」（Perkūnas）、「TO.GATHER」、「MakerPRO」……等，以及行政院設立的「TAF空總創新基地」與勞動部勞動力發展署打造的「物聯網創客基地」、「衣啟飛翔創客基地」、「TCN創客基地」、「南方創客基地」、「創客小棧」……等，只要你有想法概念，都可以透過 Fab Lab 及其他創客社群、空間與設備資源，將創意實作出來。

各級學校創客實作空間。

在創客運動推展下，台灣各級學校也紛紛設立了創客空間，包括有：國防醫學院的「Fablab NDMC」、台東大學的「台東自造」（Fablab Taitung）、中和高中的「創客中和」（Maker Zhonghe）、高師大的「Fablab NKNU」、新北高工的「Fablab NTVS」、明道中學的「Fablab Mingdao」、花蓮高工的「東區

自造實驗室」、鳳山商工的「FabLab 鳳山商工」及東石高中的「綠豆創客基地」……等，希望培養各級學校師生動手做與解決問題的能力。

教育部為推動創新自造教育發展，於全國北、中、南五所科大設立「創新自造教育基地」，分別是北部基地的「北科大點子工場/自造工坊」、中部基地的「雲林科大創意工場」、「虎尾科大跨領域微創特區」、「勤益科大智慧台灣創客基地」及南部基地的「高科大創夢工場」。

五個基地分別具有不同領域特色，雲科大以工業設計為發展特色、虎尾科大以機電領域為發展重點、北科大著重與民間 maker 及國際鏈結、高科大則以創業型大學為基礎發展，深耕 maker 實作與創業之結合，五大基地均提供開放的自造者學習環境，可以盡情使用適合的數位製作設備及工具，並與其他的創客進行跨領域交流與合作，經由實作，將創意做出原型，進而商品化，帶動創新創業的發展。

國立高雄科技大學「創夢工場」率先成立。

國立高雄科技大學「創夢工場」（如圖 1-15）率先於 2015 年 5 月 8 日開幕啟用，並於 2016 年 11 月 24 日啟用創夢工場創客空間（Maker Space），總共 770 坪的空間，是一個提供創客動手做、嘗試錯誤、實踐創意及開放分享的創客基地，從創意、創新到創業，提供創客從無到有，完整的培育社群、空間與資源，深耕 Maker 實作與創業之結合。

創意實作 ▶ 風靡全球的創客運動

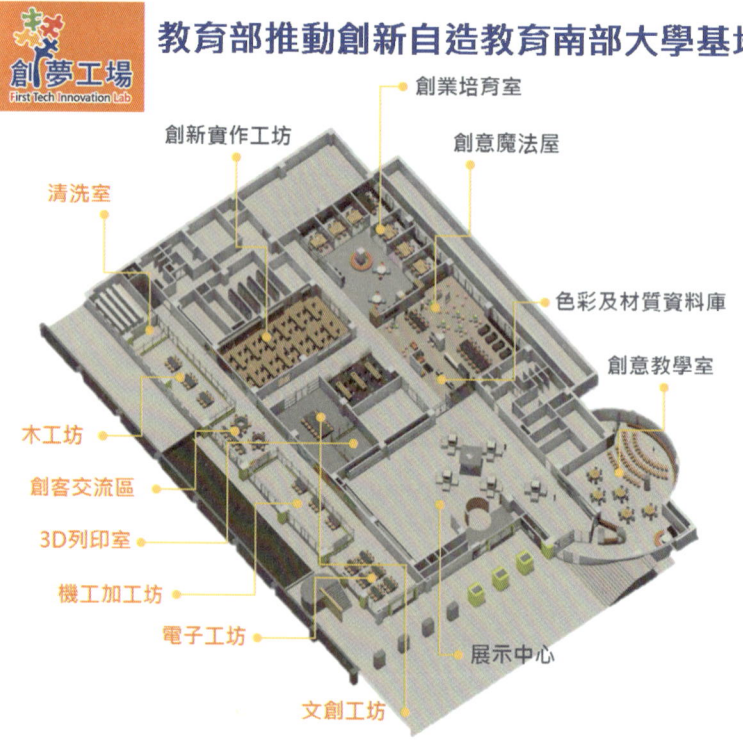

圖1-15，教育部推動創新自造教育南部大學基地 —— 國立高雄科技大學「創夢工場」（圖片來源：自行編輯）

創夢工場共分為五大區域，各區介紹如下：

1. 創意教學室

以課程為核心，辦理教學、競賽、講座、營隊……等活動，強化創意思考能力與創新思維，落實創客精神與行動。

2. 創意展示中心

展示與分享校園及創客創作成果，提供師生及民眾參觀與體驗創客精神，進而激發師生創意靈感。

3. 創意魔法屋

提供多元的討論設施及教材教具，開放式的創意空間設計、具可任意移動的桌椅，並設置南部第一家材質及色彩資料庫，設計時可針對色澤及顏色進行比對，選擇較適合產品的材質及風格，讓創意概念形成可行的實作專案。

4. 創客實作工坊

規劃有木工坊、機械加工坊、電子工坊、3D 列印室與文創工坊等實作區（如圖 1-16），其中具有百萬等級，可同時列印三種材料的 3D 列印機、全彩 3D 列印機、可切割不鏽鋼板的雷射切割/雕刻機、雷射打標機、電腦數值控制 CNC（Computer Numerical Control）車床與銑床、數位刺繡機、UV 彩噴機、完善的木工機具、電子電路雕刻機、電子儀器……等特色設備，可滿足創客實作的需求，順利做出創意原型。

5. 創業培育室

提供具創業潛質團隊進駐，擁有專屬空間，可發展創新商業模式，並與不同領域的創業團隊交流合作，逐步開展新創事業，實現創客實作與創業結合的目標。

創意實作 ▶ 風靡全球的創客運動

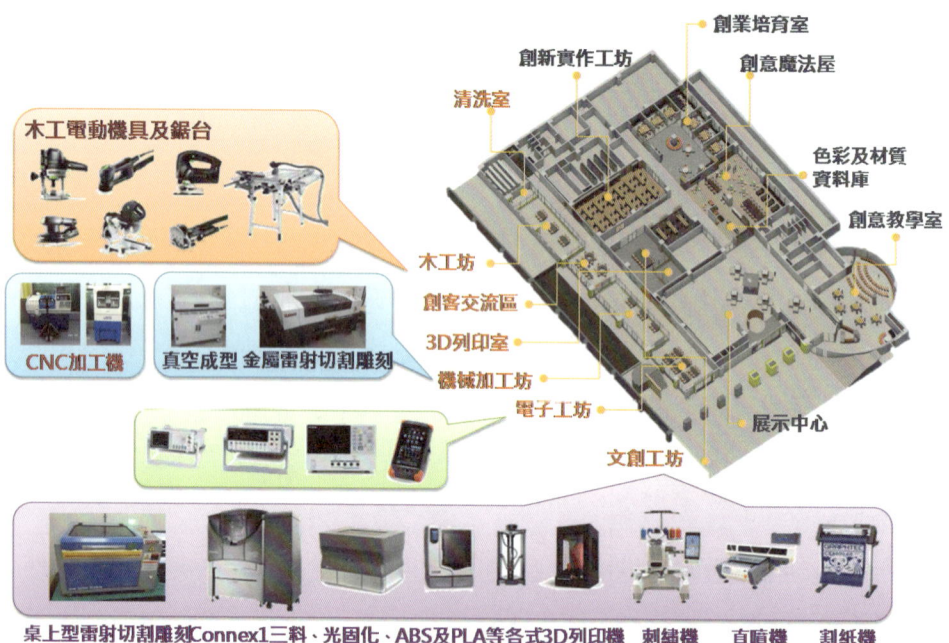

圖1-16,「創夢工場」創客基地空間及設備（圖片來源：自行編輯）

1.2　創客教育

創客教育將翻轉傳統填鴨式教學。

　　隨著國際化、科技創新與新興產業的快速變遷,產業人才需求也一直在轉變,學生如何透過學習來迎接未來的挑戰?有越來越多的教師認同「四十年一貫」的填鴨式教育需要改變,不想讓學生「從學習中逃走」,只為了考試分數而扼殺學習動機和興趣。而創客熱衷於「創新」與「動手做」的實踐精神,提供了未來教育與學習的一種方式。

　　2014 年 6 月美國白宮發表「BUILDING A NATION OF MAKERS: UNIVERSITIES AND COLLEGES PLEDGE TO EXPAND OPPORTUNITIES TO MAKE」,宣示推動創客運動與教育的決心與執行方案,《Make》雜誌創辦人 Dougherty 也發起創客教育行動(Maker Education Initiative),成立國際非營利組織 Maker Ed(http://makered.org/),致力推動創客教育。

　　台灣也於 2014 年制定實驗教育三法:「高級中等以下教育階段非學校型態實驗教育實施條例」、「學校型態實驗教育實施條例」及「公立國民小學及國民中學委託私人辦理條例」,鼓勵教育創新與實驗,並於 2017 年發佈「十二年國民基本教育課程綱要總綱」,將於 108 學年度施行,課程融入探究與實作,符應創客教育動手做的核心精神,創客運動正為教育革新注入一股改變的動力。

一、什麼是創客教育

　　創客教育是「以學生為本」,基於學生的興趣或所遭遇的真實問題,融合探索、體驗與開放創新,以問題導向學習(problem-based learning)或專題導向學習(project-based learning)為學習模式,透過真實問題或情境,引導學生思

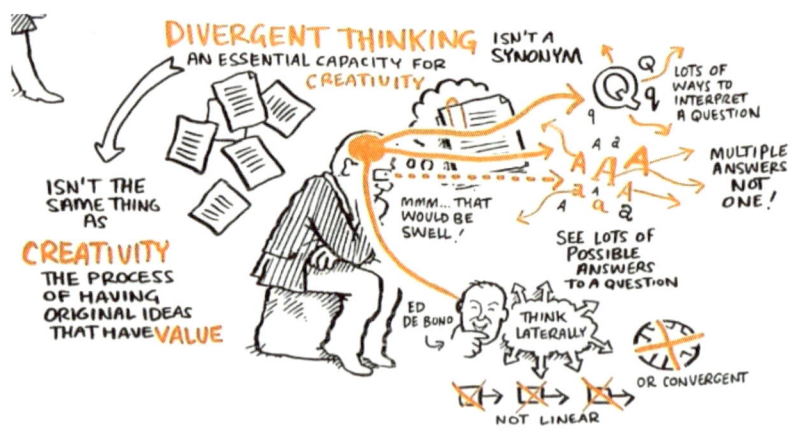

圖1-17，擴散性思考（圖片來源：cea +, CC License）

學習跨領域的團隊合作。

現在的創新和發明很難只在一個專業領域發生，所以需要跨領域的學習與團隊合作。幸運的是，透過現在的 Maker 社群，就可以找到跨領域的人才與技術。作為一個有創意的創客，應該要學習跨領域的技術與整合能力，嘗試與不同專長的創客合作，才能快速有效地實現創意，共同解決真正的問題。

跨領域創客教育創新與發明基礎在「STEAM」，也就是科學（Science）、科技（Technology）、工程（Engineering）、美術（Art）及數學（Mathematics）等領域。STEM 教育是美國培養科技創新人才的關鍵，根據美國聯邦教育部統計，未來十年需求最多的工作機會都和 STEAM 相關，STEAM 無疑是創客學習的重要課題。

學習解決真正的問題。

除了學習動手做，作為一個創客，更應該先學習觀察、發現需求或問題、分析與確認問題，以解決真正的問題。舊金山紐葉樺私校（The Nueva School）校長 Diane Rosenberg 強調：「全世界的創客和發明家都強調，發明不會發生在

理論的研讀中,而是發生在實際動手做的過程裡,利用各種科目的理論和內容,解決真實世界的問題,有意義的發明才會產生。」

學習成為一個快樂的創客。

人人都可以是創客,但「知道自己為什麼而做」的創客才會是快樂的。台灣的創客存在多元文化,有的是為了樂趣(for fun),有的是為了生活環境所需,有的是為了升學競賽,無論是怎樣的目的,只要是自願性的動手做,過程就會是快樂的。

在中國大陸的深圳市,有著濃厚的創客創業氛圍,創客儼然是創業者的代名詞,甚至深圳硬體加速器 Hax 合夥人 Benjamin Joffe 直言:「深圳沒有 Maker,只有創業者。」創客為了創業,動手做著專案,為的是可以翻轉人生,擔負壓力大,即便如此,只要確認創業是自己需要的,過程同樣會是快樂的。

學習分享,分享是快樂的。

創客精神在「動手做」,除了動手做,另一個重要的精神就是「分享」,創客熱衷於與人分享,分享創意,分享實作的過程,分享程式碼,分享 3D 列印檔,分享失敗的經驗……等。創客完成作品時,常常不是第一時間去申請專利或是謀求利益,反而是透過網絡或社群進行分享與交流,分享可以為其他創客帶來靈感,也可能因此找到同好和夥伴,更可讓其他創客少走彎路,降低失敗的機會,讓更多人都可以一起體驗動手做的樂趣,「創意因分享而擴大,創客因分享而快樂」。

對於分享創意,也有許多人不願意這樣做,總認為創意一旦分享出去,就會被別人抄襲,而沒有了價值。然而,創意要真正商品化或產業化,往往比想像的還要複雜,靈光乍現的絕佳創意,不一定代表全世界沒有其他人想過,或許是存在著實現創意的瓶頸,如:材料、技術、成本、生產……等難以突破,

使得創意不具可行性，因此，身為一個創客，應該要學會分享，在分享創意的同時，也會得到不同領域的創客給你的回饋，透過和不同領域的創客合作交流、討論與共同實作，才能讓創意更貼近消費者與使用者的需求。創意只有被實現時，才有價值，創客才會感到快樂。

三、創客教育，怎麼教

2006 年創立的 Techshop，是美國大型的民間連鎖創客空間，雖然 Techshop 在長期收支不平衡，又找不到創新的永續發展商業模式下，於 2017 年 11 年宣布破產，但其長期引領美國創客運動與創客空間的發展，對創客發展還是大有助益的。

Techshop 的 CEO 和共同創辦人 Mark Hatch，在 2013 年出版 *The maker movement manifesto*（《創客運動宣言》）一書，宣示 Maker 運動的九大核心精神，為創客教育提供了基礎原則與設計參考。

Maker 運動的九大核心精神：

1. 製造（MAKE）

製造是人之所以為人的根本，我們必須透過製造、創作和表現自己去感受一切。以製造實物而言，有些是獨一無二的，它就像我們的一部分，也似乎是體現了我們靈魂的一部分。

2. 分享（SHARE）

在和其他人一起製造時，分享你所做的和你所知道的，你不能製造而不分享。

3. 給予（GIVE）

沒有比給予你所做的東西更無私和令人滿足的事情了。

4. 學習（LEARN）

你必須學習自造。你可能會成為一個熟練的工匠或大師，但你仍然要學

習，想要去學習，並推動自己去學習新的技術、材料和加工方法，要建立一個終身學習的途徑，確保豐富和有價值的生活，而且重要的是，讓人分享。

5. 工具素養（TOOL UP）

你必須能運用正確的工具去執行手上的專案，購買和開發部分你所需的工具，讓你能夠做想做的事。

6. 玩（PLAY）

對你正在做的事情保持玩心，你會驚訝、興奮，並為你所發現的感到自豪。

7. 參與（PARTICIPATE）

加入創客運動，與周圍的人發現自造的樂趣，並在你的社群裡和其他的創客一起舉辦研討會、派對、活動、自造日、展覽、課程和晚餐。

8. 支持（SUPPORT）

這是一個運動，它需要情感、知識、財務、政策和體制上的支持。

9. 改變（CHANGE）

當你經歷你的創客旅程時，擁抱那些自然而然發生的改變。既然製造是作為人的根本，那麼當你製造時，你將會變成一個更完整的你。

此外，依據教育部研擬「Just make it——翻轉創新・創客成型」行動方案，『Maker』的核心價值是在鼓勵學生具有『動手嘗試、不怕失敗、開放分享』的精神。該計畫預計養成的創客個人核心能力包括有：

①能夠熟練的使用工具	⑤具有人際溝通與人力整合能力
②可以熟悉使用材質特性	⑥願意跨領域協同創作
③具有獨立創造的能力	⑦善於利用網路開放資源
④熟悉專案規劃與執行流程	⑧樂於分享創作過程

各項核心能力皆可與 Maker 九大精神相呼應，Maker 精神雖為抽象概念，但可透過 Maker 核心能力與 Maker 精神對照表（如表 1-1）進行評估，以落實於各教學場域與教域目標之訂定。

表1-1　Maker 核心能力與 Maker 精神對照表

Maker 精神 \ Maker 核心能力	能夠熟練地操作工具	可以熟悉使用材質特性	具有獨立創造的能力	熟悉專案規劃與執行流程	具有人際溝通與人力整合能力	願意跨領域協同創作	善於利用網路開放資源	樂於分享創作過程
製造（Make）	●		●					
分享（Share）					●	●	●	●
給予（Give）					●	●		●
學習（Learn）	●	●	●		●		●	
工具素養（Tool up）	●		●				●	
玩（Play）			●					●
參與（Participate）	●	●		●	●	●	●	
支持（Support）				●	●	●		
改變（Change）			●	●	●	●	●	●

在創客教育中,教師可以或應當扮演的角色:

1. 學習與分享的引導者
2. 創客空間與環境的管理者
3. 創客學習社群的推動者
4. 技術開發與應用的協作者
5. 引發學習可能性的啟發者
6. 實作資源的提供者
7. 創意、創作、製造、討論、改善、團隊合作的促進者
8. 問題或意見衝突的溝通決策者
9. 創客教育教材、教育及教案的開發者
10. 成為師生一起做的學習共同體
11. 以「學到什麼」作為學習成效指標的評量者
12. 創客邁向商業的支援者

四、創客課程案例分享

1998 年麻省理工學院的 Neil Gershenfeld 教授開設了一門「How To Make（almost） Anything 如何製作（幾乎）任何東西」的課程（如表 1-2），讓學生學習數位製造的各種工具和原理，並製造任何想要的創意產品，該課程堪稱是創客教育課程的典範案例。

表1-2　MIT 的 How To Make（almost）Anything 課程內容

TOPICS	TUTORIALS AND HELP
Design Tools	• Cobalt Tutorial • 3D Modelling Diatribe: Should I use Rhino or Cobalt? • Folding Tutorial: How to Model a Polyhedron by "Folding Up" Flat Polygons
Laser, Waterjet, NC Knife Cutting	• Converting Gerber to HPGL FILES • Laser Cutter Tutorial • Water Cutter Tutorial • Manuals for the Laser Cutter and Water Cutter • Rasterizing Images on the Laser Cutter
Microcontroller Programming	• Joe Paradiso's Electronics Primer Notes • Useful Electronic Parts and Circuits Information • Simple Pseudo-Random Sound Generator Example • Driving Stepmotors • Color Coding of Resistors
Machining	• Waterjet: Cutting Glass • Modela Instructions • 3D Printer Instructions • John's FabLab Tutorials
Circuit Design	• Problem and Turorial • Joe's Electronics Primer • Useful Circuit and Parts Info • Steppermotor with PIC
3D Printing NC Machining	• Waterjet: Cutting Glass • Modela Instructions • 3D Printer Instructions • John's FabLab Tutorials
PCB Design and Fab	• Making a New Schematic/PCB Part in Protel '99 • Carving a Protel Circuit Board on the Roland Mill • Making a PCB Fixture Bed
Forming and Joining	• Handy Page of Links to Forming and Joining Resources
Sensors, Actuators, and Displays	• Joe P Revisited
PCB Design	
Wired and Wireless Communications	• Networking Standards Definitions • Networking Hardware Schematics, Assembly Code and ORCAD Files • Presentation by Raffi Krikorian
Project Presentations	

此外,以 MIT「How To Make（almost）Anything 如何製作（幾乎）任何東西」為基礎,由 Neil Gershenfeld 教授所指導的 Fab Academy 課程,希望同樣可供創客教育推動者作為課程設計參考。該課程以 Fab Lab 的標準設備與機器設計,因此必須在獲授權可教授的 Fab Lab 進行,目前台灣僅有 FabLab Taipei 可教授。

Fab Academy 是一門線上的數位製造課程（Digital Fabrication program）,為期約 5 個月,每週 3 小時都是一個獨立的製造技術單元,讓學員不僅學習數位製造的知識,更培養其具備快速原型製作的多元專業能力,以快速將創意實作出成品,2018 年 Fab Academy 課程內容如下表 1-3 所示。

表1-3　2018 年 Fab Academy 課程內容

課程內容	授課時間
1. 數位製造原理及練習（digital fabrication principles and practices）	1 週
2. 電腦輔助設計、製造和建模 （computer-aided design, manufacturing, and modeling）	1 週
3. 電腦控制切割（computer-controlled cutting）	1 週
4. 電子設計與製造（electronics design and production）	2 週
5. 電腦控制加工（computer-controlled machining）	1 週
6. 嵌入式程式設計（embedded programming）	1 週
7. 3D 模具和翻模（3D molding and casting）	1 週
8. 協作技術開發和專案管理 （collaborative technical development and project management）	1 週
9. 3D 掃描和列印（3D scanning and printing）	1 週
10. 感測器、致動器和顯示器（sensors, actuators, and displays）	2 週
11. 界面和應用程序程式設計（interface and application programming）	1 週
12. 嵌入式網絡和通訊（embedded networking and communications）	1 週
13. 機器設計（machine design）	2 週
14. 數位製造應用和意涵（digital fabrication applications and implications）	1 週
15. 發明,知識產權和商業模式 （invention, intellectual property, and business models）	1 週
16. 數位製造專案開發（digital fabrication project development）	2 週

創意實作 ▶ 風靡全球的創客運動

養成做筆記的習慣，把生活上觀察的小事情記錄下來！
創意也跟著來囉～

養成做筆記的習慣，把生活上觀察的小事情記錄下來！
創意也跟著來囉～

創意實作 ▶ 風靡全球的創客運動

養成做筆記的習慣，把生活上觀察的小事情記錄下來！
創意也跟著來囉～

養成做筆記的習慣，把生活上觀察的小事情記錄下來！
創意也跟著來囉～

國家圖書館出版品預行編目資料

創意實作─Maker 具備的 9 種技能 ①：風靡全球的創客運動 / 李國維編 .-- 1 版 .-- 臺北市：臺灣東華, 2018.01

48 面；17x23 公分

ISBN 978-957-483-921-6　（第 1 冊：平裝）
ISBN 978-957-483-922-3　（第 2 冊：平裝）
ISBN 978-957-483-923-0　（第 3 冊：平裝）
ISBN 978-957-483-924-7　（第 4 冊：平裝）
ISBN 978-957-483-925-4　（第 5 冊：平裝）
ISBN 978-957-483-926-1　（第 6 冊：平裝）
ISBN 978-957-483-927-8　（第 7 冊：平裝）
ISBN 978-957-483-928-5　（第 8 冊：平裝）
ISBN 978-957-483-929-2　（第 9 冊：平裝）
ISBN 978-957-483-930-8　（全一冊：平裝）

創意實作─Maker 具備的 9 種技能 ①
風靡全球的創客運動

編　　者	李國維
發 行 人	陳錦煌
出 版 者	臺灣東華書局股份有限公司
地　　址	臺北市重慶南路一段一四七號三樓
電　　話	(02) 2311-4027
傳　　眞	(02) 2311-6615
劃撥帳號	00064813
網　　址	www.tunghua.com.tw
讀者服務	service@tunghua.com.tw
門　　市	臺北市重慶南路一段一四七號一樓
電　　話	(02) 2371-9320
出版日期	2018 年 1 月 1 版 1 刷

ISBN　　978-957-483-921-6

版權所有　‧　翻印必究